NOTICE HISTORIQUE

SUR LE FLOTTAGE

DES BOIS EN TRAINS.

A. GUYOT, IMPRIMEUR DU ROI,
rue Neuve-des-Petits-Champs, 35.

NOTICE HISTORIQUE

SUR

LE FLOTTAGE

DES BOIS EN TRAINS,

OU

Solution du point de savoir si Jean ROUVET en fut le
véritable Inventeur ;

Par Charles CHAUVELOT,

Avocat à la Cour royale de Paris.

———◖◖◗———

PARIS,

Chez LEDOYEN, Libraire, Palais-Royal.

———

aout 1845.

AVANT-PROPOS.

Aux yeux des personnes qui n'auraient nulle connaissance des circonstances *particulières* et *antérieures* qui ont provoqué la publication du présent *écrit*, il paraîtrait vraiment étrange qu'en l'année 1845, on ait eu la pensée de chercher à prouver un fait historique passé à l'état de vérité incontestable depuis plusieurs siècles, si, tout d'abord (pour détruire cette pensée défavorable) quelques explications n'étaient fournies à ces personnes, dans la bouche desquelles la réflexion qui vient d'être indiquée serait assurément fort juste et parfaitement rationnelle en l'absence de tout éclaircissement préalable.

Voici, en très-peu de mots, la déduction des motifs qui ont rendu nécessaire l'opuscule, dont, au surplus, l'appréciation sous tous les rapports, est abandonnée à l'impartialité du lecteur.

Dans l'intérêt de la communauté des marchands de bois pour l'approvisionnement de la capitale, je fus chargé de plaider le 20 décembre 1844, devant le Tribunal de police correctionnelle de Paris, une affaire dont les conséquences, en cas de condamnation des prévenus, devaient exercer une certaine influence sur l'esprit de ceux qui seraient tentés de les imiter. (Il s'agissait de la punition exemplaire de trois préposés à la garde des bois dont la fidélité était véhémentement soupçonnée). Les conclusions du commerce ayant été accueillies, par sentence non frappée d'appel, les délinquans furent condamnés en huit et quinze jours de prison.

A cette occasion, sous la date du 21 décembre 1844, il me fut adressé une lettre ainsi conçue :

« Le syndic du commerce de bois à œuvrer, à M. Chauvelot, avocat.

« En vous adressant mes sincères félicitations sur le succès que vous avez obtenu en plaidant

pour la Compagnie des marchands de bois à brûler contre les repêcheurs, et en faisant juger une
question de principe qui intéresse au même titre
la Compagnie des bois à œuvrer, je vous deman-
derai de vouloir bien accepter et accueillir avec
indulgence une petite brochure sur l'histoire du
flottage en trains.

« Loin de moi la pensée de vouloir détrôner
Jean Rouvet, et de retirer aux avocats de nos
Compagnies les moyens oratoires que le héros
peut procurer ; cependant, avec les hommes de
conscience comme vous, je puis me permettre l'in-
discrétion d'une réfutation.

« Agréez, etc. »

Signé Frédéric MORBAU.

Pour l'intelligence des détails du procès
et spécialement pour expliquer aux magistrats la nature de l'emploi des hommes tra-
duits devant eux sous la qualification de
repêcheurs, je fus amené par cette nécessité
de plaidoirie, à parler de Jean Rouvet et de
son invention du flottage des bois en *trains.*
Les journaux judiciaires ayant rendu compte
des débats, c'est apparemment par suite de
la lecture qu'en prit M. Moreau, qu'il voulut
bien m'adresser la lettre ci-dessus transcrite,

avec hommage d'un exemplaire de l'ouvrage dont il est l'auteur, sous le titre de : *His-toire du flottage en trains.*

J'avoue, à ma confusion, qu'avant l'envoi qu'a daigné me faire M. le syndic du *com-merce de bois à œuvrer*, son œuvre m'était absolument inconnue ; cette raison jointe à la manière toute gracieuse et bienveillante avec laquelle le livre est parvenu en mes mains, m'a inspiré un vif désir d'en connaî-tre le contenu, et je déclare que ma surprise a dépassé l'ardeur avec laquelle j'en ai par-couru les pages, lorsque j'ai lu que M. Fré-déric Moreau refuse positivement, j'allais dire *despotiquement*, à Jean Rouvet, le mé-rite de l'invention du flottage des bois, dans le sens d'une *saine* et *véritable* interprétation du mot, pour l'attribuer à un autre héros de son choix, dont il prend la gloire sous sa protection, et pour lequel (nonobstant une possession contraire de près de trois siècles), il soutient que la postérité ne saurait sans crime, permettre qu'il soit fait application de ces vers si fameux :

Hos ego versiculos feci , tulit alter honores
Sic vos non vobis , etc.

En d'autres termes, bien que par sa lettre du 21 décembre 1844, M. Frédéric Moreau prétende n'avoir pas eu la pensée de *détrôner* Rouvet, cependant et en *réalité*, il résulte évidemment de l'ensemble de son travail, qu'il s'est proposé pour but principal d'établir que les honneurs rendus, en l'année 1828, à la mémoire de Jean Rouvet, sont l'effet d'une erreur fatale, et par conséquent d'une *injustice* qu'il répare autant qu'il est en son pouvoir, avec le secours de la presse, et par la publicité donnée à ses investigations laborieuses.

Sans nul doute, l'honorable syndic ne s'arme pas d'une *bûche* pour briser et renverser *coram populo* le buste en bronze qui surmonte le cippe élevé sur le pont de la ville de Clamecy, mais par les assertions renfermées dans son histoire du flottage il en mine savamment le piédestal : il ne demande pas autre chose, en effet, sinon qu'on efface le nom de Jean Rouvet, pour y substituer celui de Charles Leconte, son client. C'est un procès que les esprits malins nommeraient un procès *d'amour-propre*, suscité *d'office* au *patriarche*, au *patron* des *flotteurs*, dont je n'ai pas hésité de me constituer le défenseur officieux.

Que si, après la lecture de l'attaque et de la réfutation écrites, après épuisement de tous les degrés de juridiction, l'opinion incertaine portait le litige jusqu'en Cour de cassation, je ne crains pas d'affirmer que ni le talent ni les bonnes raisons ne manqueraient à la cause de Rouvet. Je fais plus, je certifie à l'avance que M. le procureur-général près cette Cour ne confierait à nul autre qu'à lui-même le soin de prononcer ou de rédiger le réquisitoire.

Tout le monde sait, en effet, que c'est à M. Dupin l'aîné qu'est due l'idée du monument élevé, en 1828, à Rouvet, sur le pont de Bethléem à Clamecy : le fondateur voulant, par ce témoignage de la reconnaissance générale, honorer tout à la fois et *l'industrie* et le *travail*. A cette époque de 1828, M. Dupin portait *pardessus* la robe que plus tard il a spirituellement appelée sa robe de *dessous* (1). Les affaires publiques ne l'avaient pas encore arraché à la carrière qu'il a si brillamment parcourue comme avocat. Donnant lui-même l'exemple du travail, il lui appartenait d'en consacrer, d'en immortaliser les heureux résultats par une distinction qui rappelât à tous et à chaque instant la *puissance* et les *merveilleux effets* du travail uni à l'intelligence et à l'ordre.

En janvier 1845, ayant eu l'occasion d'entretenir M. Dupin de l'*Histoire du flottage*, de M. Moreau, lue par moi, et dans laquelle l'auteur, non-seulement dresse autel contre autel, mais expulse du temple le *demi-dieu* en faveur duquel la statue de 1828 s'était dressée comme par enchantement, je promis

---

(1) Lors de l'installation de M. Philippe Dupin (Député actuel de l'arrondissement d'Avallon), son frère, en qualité de bâtonnier de l'Ordre des avocats du barreau de Paris.

alors à M. Dupin, le travail *rectificatif* qu'on va lire. C'est par suite de cet engagement de ma part, que j'eus l'honneur de recevoir la lettre dont voici la teneur :

Raffigny (Nièvre), ce 1er avril 1845.

« Je suis dans le pays du flottage, et je vous rappelle la promesse que vous m'avez faite de rectifier ce qu'a dit sur Jean Rouvet, l'écrivain qui a prétendu lui ôter le mérite de son invention.

« Recevez mes salutations affectueuses. »

Signé DUPIN.

J'accomplis aujourd'hui la tâche que je me suis imposée.

SUR LE FLOTTAGE

DES BOIS EN TRAINS.

PREMIÈRE PARTIE.

Coup-d'œil général et rétrospectif sur l'usage et l'ancienneté des Trains ou Radeaux.

Si nous voulons nous reporter, par la pensée, jusqu'aux *temps primitifs*, c'est-à-dire à l'origine même de la civilisation, nous serons nécessairement amenés à *conjecturer* qu'aussitôt que les *nuages* qui *obscurcissaient* l'intelligence de l'homme se furent dissipés, aussitôt que sa *raison* éveillée, *aiguisée* par les besoins impérieux de la vie, sut discerner et juger que le bois est un corps plus léger que l'eau, précisément parce qu'il surnage à sa surface, il dut germer immédiatement dans son esprit, l'*idée* que peut-être il pourrait employer cet *élément* comme moyen de faire voyager le *bois* d'un *point* à un autre *point*, en le livrant au courant d'un ruisseau, d'une rivière, ou d'un fleuve qui le rejeterait et le déposerait ensuite, en tout ou partie, sur la grève de l'une ou l'autre rive.

Il est vraisemblable que ce mode de transport offert par la nature, a remplacé celui que fournissait la force musculaire des bras ou des épaules.

Il est également probable que c'est de ce moment que date l'art de la navigation.

Certes, à cette époque, on était loin de soupçonner la confection des voitures et des chariots traînés par les animaux que devait dompter la main patiente de l'homme civilisé. On était fort loin de l'invention du flottage de ces énormes masses de bois que nous voyons obéir au mouvement onduleux que leur imprime le fil de l'eau, dont elles effleurent à peine l'épiderme, grace aux pertuis ou barrages qui en décuplent la force et l'impétuosité. On était plus loin encore de la découverte de la vapeur, magique puissance des temps modernes, appelée à faire le tour du monde avec la rapidité de l'éclair.

Que si l'on prend pour point de départ l'état primordial des choses qui vient d'être esquissé, on devrait, on pourrait, ce semble, *logiquement*, *historiquement*, prétendre que le *seul*, le *véritable* inventeur du *flottage* ou transport du bois par le secours immédiat de l'eau, fut, en réalité, et dans la rigoureuse acception du terme, celui qui, le *premier*, lança un bâton dans un torrent, avec l'*arrière-pensée*, avec l'intention formelle, ou plutôt avec *l'espoir* de retrouver ultérieurement ce bâton *flottant*, à la distance *calculée* du lieu où il l'avait ainsi confié aux *hasards*, aux *éventualités* du trajet qu'il avait à faire.

Mais quel fut cet individu, quel est le nom de l'homme qui fit cette première expérience?

Nul document écrit, nulle tradition ne vient nous l'apprendre.

En remontant aux annales les plus anciennes qui soient parvenues jusqu'à nous, sur le sujet dont il s'agit, nous lisons, dans l'*histoire naturelle* de Pline, que 16 siècles avant l'ère de Jésus-Christ, alors qu'aucun navire n'avait encore sillonné les mers, on voyageait sur l'eau à l'aide de *radeaux*, qui n'étaient autre chose que ce que nous nommons des *trains*, formés, alors, comme aujourd'hui, de l'assemblage d'un certain nombre de morceaux de bois liés ensemble, d'un volume plus ou moins épais, et présentant une surface plane plus ou moins étendue; c'est, pour ainsi parler, un navire *carré*, *long* et *plat*, dans la construction duquel il n'entre pas la moindre parcelle d'un métal quelconque, c'est exclusivement à l'aide de sa propre cargaison qu'il est édifié; il est ordinairement conduit par deux hommes seulement, l'un placé à l'avant, et l'autre à l'arrière.

Suivant le même historien, ce serait le roi *Erythias* qui aurait conçu cet ingénieux moyen de communication entre les diverses îles, dont la mer Rouge est parsemée.

De telle façon que pour être *juste*, selon la méthode et d'après la logique de M. Moreau, syndic actuel des bois à œuvrer de Paris, la difficulté étant réduite à une question de chronologie, rigoureusement, ce serait à une tête couronnée que la postérité reconnaissante aurait dû décerner les honneurs qui furent prodigués à un *intrus*, en l'année 1828, dans la patrie des *flotteurs modernes* (1).

____

(1) La ville de Clamecy (Nièvre).

Ainsi le buste de Jean Rouvet devrait disparaître pour faire place à celui de sa majesté le roi Erythias, ayant, apparemment, pour sceptre, un *soliveau,* comme signe symbolique d'une découverte qui, en définitive, après une série de siècles accumulés, a eu pour résultat de faire arriver d'une grande distance aux foyers parisiens, et au meilleur marché possible, la plus grande partie du combustible qui s'y consume, avant comme depuis la découverte et l'emploi du charbon de terre.

Mais, hâtons-nous de le dire, tel n'est pas le vœu, telles ne sont pas les dispositions secrètes de M. Frédéric Moreau ; ce n'est point à un monarque à demi-sauvage qu'il destine son culte admiratif, c'est pour un grand homme plus rapproché de nous qu'il réserve tout l'encens dont il a fait provision. Dans sa conviction d'historien impartial, c'est à un collègue du commerce de bois à œuvrer qu'appartenaient les honneurs de l'immortalité, et l'airain aurait dû reproduire les traits de M. Charles LECONTE, ancien entrepreneur de charpente, qui, de son vivant, fut élevé au titre de *maître des œuvres de charpenterie de l'Hotel-de-Ville,* et qui, s'il eût vécu sous le règne de saint Louis, aurait (à n'en pas douter) obtenu le grade de *général de la charpenterie.*

Ainsi, comme on le voit, c'est désormais entre deux rivaux seulement que s'agite le débat, et la question est celle-ci :

Le front de Jean Rouvet restera-t-il orné de sa couronne de chêne, comme étant le véritable inventeur du flottage, ou au contraire est-ce sur la tête de Charles Leconte que la main équitable de l'histoire devra la déposer à perpétuelle demeure ?

Maintenant que l'objet de ce procès *posthume* est sommairement exposé, il importe d'en produire et communiquer les pièces au lecteur, afin qu'il puisse, en parfaite connaissance de cause, statuer souverainement, et en dernier ressort, entre les deux illustres plaideurs.

———————

DEUXIÈME PARTIE.

Examen des faits et des actes de l'autorité de l'époque, qui, en réalité, constituent le droit au mérite de l'invention.

Avant de placer en regard les raisons qui militent en faveur de chacun des deux prétendans à la *couronne monumentale*, il n'est pas hors de propos de rappeler historiquement ici, en quelques lignes, que tant que la capitale de la France, resta, sous le nom de *Lutèce* (1), renfermée dans les limites d'une île de la Seine, appelée encore aujourd'hui la *Cité*, elle tira de son propre sol tout le bois nécessaire à sa consommation. Alors, une vaste forêt garnissait l'une et l'autre rive du fleuve, et s'étendait du midi au nord : les débris qui, de nos jours, ont survécu et qu'on nomme les bois de Boulogne et de Vincennes, en formaient les deux extrémités opposées ; aujourd'hui (grace aux progrès de la civilisation, et du système de la *centralisation*), tout l'espace intermédiaire est envahi par une *forêt* de maisons, qui, en l'année 1845, compose la première ville du monde, et se nomme Paris, la patrie des sciences et des arts, le siége principal de toutes les richesses matérielles et intellectuelles.

Avant l'usage de la houille, le bois étant

---

(1) Désignation que le philosophe de Genève, dans un accès de misanthropie, traduisait par ces mots : *Lutèce, ville de boue, où les hommes ont renoncé à l'honneur et les femmes à la vertu.*

chose de première et indispensable nécessité, les besoins de cet élément essentiel de la vie se sont, on le conçoit, développés au fur et mesure de l'accroissement gigantesque de la ville, et par conséquent du nombre de ses habitans ; de là pour Paris obligation d'étendre le cercle de ses approvisionnemens, car bientôt les produits que fournissaient les forêts de St.-Germain, de Senard, de Bondy, et de Fontainebleau qui l'avoisinent, devinrent insuffisans pour sa consommation, toujours de plus en plus considérable. Le gouffre menaçant de tout absorber, il fallut donc songer à rendre les provinces éloignées tributaires de ses exigences impérieuses. Tout naturellement on dut de préférence jeter les yeux sur celles qui, plus fécondes et plus riches en marchandises de *l'espèce*, offraient par leur situation topographique un plus facile moyen de transport. La Bourgogne fut celle qui, l'une des premières, vint à la pensée du spéculateur, par ce double motif qu'indépendamment de l'avantage *particulier* et *local* de posséder des montagnes couvertes d'un excellent bois de chauffage, cette partie de la France qui comprend le Morvan (en Nivernais) est sillonnée par un grand nombre de ruisseaux qui vont se jeter dans la petite rivière de *Cure*, laquelle se confond avec la rivière d'Yonne, dont les eaux, en se mêlant avec la Seine, font de cette dernière un fleuve navigable et flottable durant tout le cours de l'année.

Au mode lent et coûteux du charroi par terre à l'aide des voitures, succéda ou concourut, sans doute, le transport par bateaux sur les rivières; puis enfin, mais après un nombre incalculable d'années écoulées dans les *ornières* de la routine, survint, germa dans le cerveau d'un homme, l'idée aussi simple qu'ingénieuse, pratiquée depuis près de trois siècles, de conduire à flot sur la Seine, sans bateaux, c'est-à-dire presque sans frais, des quantités énormes de bois jusque dans l'intérieur de Paris, d'où est résulté, pour le pays producteur, l'heureuse possibilité d'écouler sa marchandise et d'y rendre le numéraire plus abondant; comme aussi, pour le consommateur, l'avantage d'une diminution considérable dans le prix de la chose achetée, désormais affranchie, dans les mains du marchand, des charges qui la grevaient précédemment et en augmentaient la valeur vénale.

Mais quel fut l'auteur de cet inappréciable bienfait?

Ce fut *Jean Rouvet*, prétend l'un, ce fut *Charles Leconte*, soutient l'autre.

Dans cet état contradictoire des choses, nous lirons d'abord, nous apprécierons ensuite les *titres* historiques invoqués pour l'un comme pour l'autre.

Toutefois, c'est ici le moment et le lieu de faire une remarque essentielle et qui dominera tout le débat, à savoir, que la petite rivière de *Cure*, dont il vient d'être question et qui traverse les contrées qui fournissent les quatre cinquièmes du bois qui se brûle à Paris, est la *principale*, ou plutôt, *l'unique* artère qui relie et met en rapport immédiat ces pays boisés avec la rivière d'Yonne d'abord, puis avec la Seine; elle est le premier anneau de cette chaîne immense sortie des mains de la nature, et qui, en se déroulant chaque jour et perpétuellement, comme un serpent en mille replis tortueux, rapproche, de cette façon, le Morvan de la *grande ville*; que si le *parcours* de la Cure est impossible à raison de certains obstacles qu'elle renferme dans son sein; que si, par exemple, son lit est labouré, est parsemé de *roches calcaires* qui, par leur forme ou leur grosseur ne permettent qu'à aucune époque de l'année elle soit navigable ou flottable, ou bien si constamment elle manque d'un volume d'eau suffisant pour supporter des fardeaux de quelque pesanteur, il est évident que, dans cette hypothèse, tout transport de bois en *trains* ou radeaux sera d'une impossibilité absolue. Et, comme en laissant de côté la Cure, pour suivre une route sur terre, la distance à parcourir est considérable à partir des lieux où naît le bois de chauffage, au point *intermédiaire*, c'est-à-dire à la rivière d'Yonne, dont la profondeur permet de gagner et de joindre la Seine, il est certain, dans ce cas, que les frais de ce trajet *partiel*, par la voie de terre, absorbant presque toute l'économie qui résulterait du systême du flottage en trains; la difficulté, alors, consistera dans la recherche et l'emploi du moyen d'éviter cette dépense, ou, pour parler plus disertement, il s'agira de trouver le secret de rendre la rivière de Cure *navigable* ou du moins *flottable*, toutes les fois que le besoin s'en fera sentir pour le passage des bois en destination de Paris : et certes celui qui, par la constante persévérance de ses efforts intellectuels et de ses sacrifices pécuniaires, aura effacé, comme avec la main la *solution de continuité* dont les *ruineux* effets viennent d'être signalés, celui-là ne fût-il que l'exécuteur d'une idée *conçue,* mais non *réalisée* avant lui, sera, sans contredit, le véritable inventeur d'une méthode qui a pour conséquence, tout à la fois, d'enrichir plusieurs départemens de la France, et de pourvoir abondamment une autre contrée, à meilleures conditions qu'autrefois, de la chose qui lui manquait. Et les honneurs d'une semblable invention doivent d'autant moins être refusés à l'homme qui a résolu ce problême, qu'en se reportant par la pensée au temps où il vivait, c'est-à-dire précisément au milieu du seizième siècle, on comparera la gravité des difficultés à vaincre avec les faibles élémens de succès qui se trouvaient alors à sa disposition. A cette époque, en effet, le progrès des arts et de l'industrie n'avait pas encore façonné et dirigé les intelligences du côté des grandes et difficiles entreprises ; les capitaux, peu abondans, n'avaient pas, non plus, permis encore de tout oser, ainsi qu'on le fait de nos jours. A cette époque, on ne voyait pas comme au temps actuel, l'homme armé de l'*outil* du terrassier, traverser ou *pourfendre*, en un clin-d'œil et par une sorte de magie, le flanc des plus grosses montagnes, pour livrer passage à la *vapeur*, cette rivale de la foudre, pour laquelle, déjà, n'existent plus ni *obstacle* ni *distance*. La postérité, dans ses témoignages de reconnaissance, ne devra-t-elle pas être d'autant plus libérale et généreuse que, depuis plusieurs siècles sans interruption, les populations, sans avoir rien ajouté aux erremens primitifs du procédé, en recueillent chaque jour les heureux résultats ?

On ne saurait se le dissimuler, l'idée primitive, l'idée mère du flottage des bois en général, n'appartient en propre ni à Leconte, ni à Rouvet, ni même au roi Erythias. Il est constant que le nom de ce premier inventeur n'est parvenu jusqu'à nous, ni par voie historique, ni par voie traditionnelle. Mais en circonscrivant, en *spécialisant* en quelque sorte l'objet de la controverse qui nous occupe, nous serons amenés à la nécessité de reconnaître, qu'à vrai dire, le mérite de l'invention du flottage des bois en trains sur la Seine et ses divers affluens, ne peut être attribué qu'à celui qui, en compromettant sa fortune, en risquant par cela même sa considération personnelle, est parvenu à surmonter les obstacles que la nature s'était fait un malin plaisir d'opposer à son audacieuse entreprise.

Cet heureux téméraire, hâtons-nous de le nommer enfin, fut Jean Rouvet; en voici la démonstration qui se fortifie et se complète par la prétention contraire d'un compétiteur.

TROISIÈME PARTIE.

Détails relatifs à la personne de Rouvet. — Ses titres à l'invention.

En l'année 1546, existait un homme dont l'ardente imagination avait devancé son siècle de plusieurs siècles; il se nommait Gilles DEFFROISSEZ: Rouen était sa ville natale. Deffroissez, en son temps, ressemblait à plusieurs personnages de notre époque, qui, incessamment travaillés par les accès d'une sorte de fièvre industrielle, adoptent et successivement abandonnent tous les projets qu'enfante l'inépuisable fécondité de leur cerveau, sans jamais s'arrêter sérieusement à aucun, et sans même

daigner, un instant, se soucier du résultat défi-
nitif qui devra couronner l'œuvre; ébauchant
tout, entreprenant tout, sans jamais rien
conduire à bonnes fins. C'est ainsi que les
chroniques contemporaines nous représentent
Deffroissez. On le voit, en effet, se livrant
d'abord à l'industrie des fers, comme maître
de forges à la *Charité*, petite ville du département de la Nièvre; ensuite, et successivement, ayant obtenu par lettres-patentes du
Roi, la *ferme* du poisson de mer, il se
charge exclusivement de pourvoir à cette
partie de l'alimentation parisienne.

Dans le but de faciliter les communications
entre les habitans de l'une et l'autre rive de la
Seine, il propose d'établir *un bac public et
commun pour passer et repasser hommes, femmes, enfans et bêtes qui se rendent au faubourg
Saint-Germain, et ce, en attachant un câble par
un bout à l'une des tours du Louvre, et par
l'autre bout à une tour opposée de la maison
de Nesle.*

Le bac *informe* de Deffroissez fut le pré-
curseur du magnifique pont des Arts que la
main de l'empereur Napoléon jeta sur la Seine
au retour d'une campagne.

La méthode alors suivie pour moudre le blé semble mauvaise à Deffroissez, aussitôt il se met à l'œuvre et présente un système entièrement nouveau de mouture, d'où est résulté, dans la manutention, une immense économie. Comme si la sagacité de son esprit eût deviné ou voulu susciter, par son exemple, les améliorations qui se sont introduites en cette partie, trois siècles après lui (1).

Si Paris au dix-neuvième siècle n'est pas la ville-modèle pour la propreté et la salubrité de ses rues, à plus forte raison, il y a quelques cents années, n'était-il, dans certains quartiers, qu'un cloaque infect et nauséabond : aussi Deffroissez, obéissant encore à son idée fixe, l'amour du bien public, s'efforce-t-il de démontrer que le seul moyen de remédier au mal, consisterait à nettoyer les rues par le secours d'eaux courantes puisées dans la Seine ; mais le

---

(1) En l'année 1838, M. d'Audiffret a fait, pour les immenses magasins des subsistances militaires, quai de Billy, à Paris, l'application d'un admirable procédé de son invention dont le moindre avantage est d'empêcher que les farines ne puissent jamais s'avarier en s'échauffant. Le Ministre de la guerre a adopté ce système pour toutes les places fortes de France ainsi que pour l'Algérie.

bureau de la ville, composé du *prévôt des mar-chands*, des *échevins* et *conseillers*, repousse *doctement* la proposition par le motif, le croi-rait-on! *que l'exécution du projet aurait pour conséquence de tarir la rivière*. En vain l'auteur, convaincu de l'efficacité de sa proposition, in-siste avec énergie pour son adoption, il reçoit pour prix de son zèle, l'épithète blessante de *grand entrepreneur et de petit exécuteur;* et cependant, dès cette époque, si peu avancée dans la connaissance des règles de l'hygiène, le génie de l'homme qu'on bafouait de la sorte avait encore une fois pressenti l'établissement futur des *bornes-fontaines* qui, au temps où nous vivons, en répandant avec abondance l'eau dans les principaux quartiers de la ville, y apportent et communiquent la propreté, la santé.

Enfin, l'infatigable Deffroissez qui, l'un des premiers, avait été frappé des conséquences fâcheuses produites par les obstacles naturels qui s'opposaient à toute navigation sur la Cure, et pénétré des avantages qui seraient le prix de leur disparition, Deffroissez soumet hum-blement ses idées, *au bureau de la ville,* sur les moyens à employer pour rendre cette rivière flottable, dans le but unique d'accomplir la plus heureuse comme la plus utile de toutes ses conceptions, *le flottage des bois en trains sur la Seine.*

Cette fois, et dans cette solennelle circonstance, Deffroissez est inspiré de l'heureuse pensée de se faire patroner de l'influence de l'un de ses contemporains qui déjà avait conquis de l'importance par son caractère, par son crédit et sa fortune, cet homme était Jean Rouvet, marchand de bois, devenu bourgeois de Paris, titre qui, apparemment, à l'époque de 1547, correspondait, dans l'opinion, au titre de *citoyen de Rome ou d'Athènes,* et n'était conféré qu'à celui qui s'était rendu notable par son mérite personnel.

Par sentence du bureau de la ville, sous la date du 23 juillet 1546, Jean Rouvet est accepté comme caution et garant de l'entreprise de Deffroissez, contre lequel existe une telle prévention de *versatilité* et *d'inconsistance,* qu'on serait tenté de supposer que c'est par allusion personnelle et précisément à cause de de lui qu'aurait été formulé l'adage si connu :

Qui trop embrasse, mal étreint.

Aussi voyons-nous qu'en ce qui concerne

la grande affaire du flottage des bois en trains,
les *autorités constituées* de l'époque (c'est-à-dire
MM. *les prévôts et échevins*), exigent au préalable, le concours du négociant qui, de son
temps, inspire le plus de confiance, et sur lequel reposera tout le fardeau d'une opération
dont les immenses et précieux résultats, pour
le présent comme pour l'avenir, sont parfaitement compris, *si* toutefois elle est heureusement parachevée : ces magistrats font plus,
par un excès de prudence et de précaution, ils
prononcent, le 7 décembre 1546, une sentence
aux termes de laquelle sont nommés des commissaires à l'effet de constater la nature des
travaux à faire et la somme que devra coûter
leur exécution.

L'avis émané des experts porte : *Qu'il sera
tout-à-fait impossible de rendre la Cure commo-
dément navigable à moins qu'il n'en couste* plus
de *cinquante mil escuz.*

L'ame fortement trempée de Deffroisez se
raidit contre ce nouvel obstacle, il redouble
d'ardeur ; mais, hélas! vains efforts! tous ses
sacrifices d'intelligence et d'argent sont à jamais
perdus! Un premier essai de flottage est sans
succès ; la plus grande partie de ses bois, dis-

persée au milieu des flots, a péri, a disparu ; il est totalement ruiné, réduit à la cruelle nécessité de vendre ses usines à Jean Rouvet, dont il devient alors l'intendant, en restant son *débiteur*, son *obligé*.

C'était en l'année 1548.

Il n'était pas plus, apparemment, dans la destinée de Gilles Deffroissez de mettre la dernière main à l'œuvre, à peine ébauchée, qu'il ne lui avait été donné précédemment de terminer tant d'autres entreprises restées à l'état de projets ; c'est à Rouvet qu'il était réservé d'exécuter complètement, avec un entier succès, ce qui n'avait pu être que tenté infructueusement par son prédécesseur inhabile ou malheureux : Rouvet, en se portant caution de ce dernier, avait à l'avance pressenti, calculé tous les embarras, les difficultés et les dangers de la tâche qu'il s'était imposée ; il sait par une expérience personnelle, tout ce qu'on peut attendre d'une volonté *ferme, éclairée, persévérante*. Aussi c'est presque avec la certitude d'un résultat favorable qu'il risque et ses capitaux et sa considération aux chances de la *grande entreprise* qui préoccupait toutes les fortes têtes de l'époque.

Mais avant de présenter l'esquisse rapide des travaux auxquels il s'est livré, et qui seuls, en dernière analyse, ont doté le pays du *procédé*, qui, sans son intervention, n'aurait peut-être point été découvert, il y a 3oo ans, ou n'aurait été pratiqué que plusieurs siècles après sa mort, il est, ce semble, opportun de faire connaître en quelques lignes biographiques la personne de Jean Rouvet.

Aucune chronique, aucun passage de l'histoire contemporaine ne nous révèle le lieu précis de sa naissance. Ce qui est indubitable et ce qui résulte d'ailleurs des énonciations contenues dans les actes publics parvenus jusqu'à nous, c'est que Jean Rouvet, dans le cours des années 1546 et suivantes, se livrait au commerce des bois à brûler, que le siége principal de ses affaires était Paris, où il acquit le droit de bourgeoisie, en manière d'*apanage* de sa position sociale.

Indépendamment de son commerce et des capitaux qui ne pouvaient en être séparés, Rouvet possédait des immeubles considérables situés à Paris.

Michel Félibien, dans son histoire de Paris, nous apprend, en effet, que par contrat notarié du 31 août 1548, Rouvet vendit une portion des hôtels de Bourgogne et d'Artois (1) aux Confrères de la Passion, qui avaient alors le privilége exclusif de jouer la comédie, et qu'entre autres choses, le vendeur s'était réservé une loge à son choix pour *lui*, ses *enfans* et *amis, leur vie durant.*

En ce temps-là Jean Rouvet était donc déjà un homme considérable par sa fortune, par son crédit et par la confiance universelle qu'il inspirait. Il n'est pas dès lors étonnant qu'il ait été, entre tous, choisi pour être le bras intelligent et puissant qui traduira en *un fait immense* la pensée de l'*entreprenant* Deffroissez. Un an à peine, en effet, s'écoule sans que, grâce à son concours appuyé sur les élémens qu'il apporte, ses efforts soient couronnés d'un succès jusque-là inespéré.

Ainsi, par un effet magique de la présence

---

(1) Ce fut à ce théâtre que se révéla la vocation de Molière. Son grand-père, qui l'aimait beaucoup, l'ayant conduit à une représentation qui attirait la foule, on l'entendit s'écrier, comme le Corrége pour la peinture, par une inspiration soudaine : *Et moi aussi, je serai acteur.* Il n'avait alors que quinze ans.

du *maître*, de l'*ordonnateur* sur les lieux mêmes, par suite d'une rigoureuse ponctualité dans les paiemens du salaire de l'ouvrier, bientôt les roches qu'on pourrait appeler *sous-marines* qui interceptaient toute circulation sur la rivière, volent en éclats et laissent le passage libre; bientôt encore l'eau qui afflue des ruisseaux voisins, retenue, emprisonnée au moyen de travaux d'art, vient, toutes les fois qu'il en est besoin, augmenter le volume de la *Cure*, qui désormais fera, sans obstacle, sa jonction immédiate avec la rivière d'Yonne, pour se confondre ensuite avec la Seine. Dès ce moment, le problême est résolu ; la contrée qui produit le bois à brûler, n'est plus qu'à une faible distance du point central de la consommation ; Paris est à l'abri d'une disette de cette denrée si nécessaire ; à l'avenir et chaque année, ses approvisionnemens pourront s'effectuer régulièrement, périodiquement. Et ce qui ne mérite pas moins encore les éloges et l'admiration de la postérité, c'est la circonspection, la sage lenteur avec laquelle Rouvet procède dans les différentes phases de l'entreprise.

Instruit par l'expérience des premiers essais,

il se garde bien de commettre les fautes de son devancier; celui-ci, par exemple, avait à peine commencé les travaux préliminaires, que déjà il avait livré ses bois à la merci des flots; un désastre devait être et fut, en effet, le triste retour d'une telle impatience. Rouvet, au contraire, ne se permet aucun envoi, aucun transport de marchandises, si ce n'est après que tout obstacle a disparu, et seulement alors que la place est nette et la carrière libre. Il fait plus, et comme s'il eût voulu *assurer*, *consolider* à tout jamais le succès de la *découverte*, il indique par son exemple, à ses collègues, à ses imitateurs, qu'avant de *lancer un train*, il faut avec discernement choisir la saison favorable, et surtout ne confier le *combustible* au courant de l'eau, que lorsqu'il a subi une dessication préalable qui le rende propre à faire le trajet, sans couler à fond.

Tel fut, en résumé, l'esprit qui domina, dirigea constamment celui qu'en toute justice, on doit désormais appeler le véritable fondateur du flottage.

Ce fut l'année 1549 qui vit l'arrivée sur l'eau, à Paris, du premier *convoi* de bois expédié du Morvan par Jean Rouvet.

L'historien Saint-Yon, dans un Recueil des *Eaux et Forêts,* publié en 1610, à ce sujet, s'exprime en ces termes :

« Le premier qui a fait venir du bois flotté du pays de Morvan en la ville de Paris, a été Jean Rouvet, en l'année 1549. »

Dans son *Traité sur la Police,* édité en 1719, Delamare donne des détails circonstanciés sur l'événement qui avait produit grande sensation :

« Il y avait plusieurs siècles, dit-il, que l'on était dans l'appréhension que Paris ne manquât un jour de bois, et cette crainte augmentait à proportion que les forêts voisines s'épuisaient. L'on jugeait bien que pour y remédier, il fallait inventer d'autres voitures que les charrois par terre, ou les bateaux sur les rivières; ce fut dans cette vue que Jean Rouvet, marchand, bourgeois de Paris, l'an 1549, imagina qu'en rassemblant les eaux de plusieurs ruisseaux et de petites rivières non navigables, l'on pourrait y jeter le bois qui serait coupé dans les forêts les plus éloignées, le faire descendre jusqu'aux grandes rivières, en former des trains, et les conduire à flot sans les bateaux jusqu'à Paris, que cela répandrait de l'argent dans les provinces, ferait valoir leurs héritages plantés en bois, et fournirait suffisamment cette ville capitale à un prix raisonnable.

« Rouvet commença à faire cette expérience dans le Morvan, contrée située partie en Bourgogne, et partie dans le

Nivernais, qui est assez remplie de montagnes chargées de bois, où coulent plusieurs ruisseaux et la petite rivière de Cure non navigable, qui prend son nom du village de Cure, où est sa source, à deux lieues au-dessus de Vezelay, traverse le Morvan, une partie du Nivernais, et qui se rend dans la rivière d'Yonne, un peu au-dessus de Cravant, dans l'Auxerrois : il fit son possible de rassembler les eaux de ces ruisseaux, et de les faire tomber dans cette rivière. »

Savary-Desbrulons, dans son *Dictionnaire universel du Commerce*, édition de 1723, rappelle que ce fut Jean Rouvet qui, en 1549, fit usage des *trains*, ou radeaux, pour faire descendre sur la Seine les bois du Morvan.

En tout temps, en toutes choses, les inventeurs des bonnes méthodes ont des *imitateurs*, des *successeurs*, qui toujours *ameliorent*, *développent* et *perfectionnent* l'idée primitivement conçue ou même exécutée. Aussi Jean Rouvet ne manqua-t-il pas d'être honoré du flatteur avantage d'avoir successivement pour continuateurs, en premier lieu, Guillaume *Sallonnier*, et en second lieu, Réné-François *Arnoul* : à l'égard de ce dernier, il est à remarquer que ce fut dix-sept ans après Rouvet, et par *lettres-patentes* du roi Charles IX, à la date du 22 décembre 1566, qu'il obtint *permis de faire flotter du bois sur les rivières de Cure et Yonne pour la provision de Paris* (1).

En ce qui concerne spécialement Guillaume Sallonnier, l'occasion vient ici se placer *très-opportunément* de *réfuter* et *détruire* une erreur généralement accréditée dans une certaine fraction du département de la Nièvre, à savoir que ce ne serait ni *Leconte* ni *Rouvet*, mais bien *Guillaume Sallonnier*, qui devrait être réputé le *seul* et *véritable* inventeur du flottage, par le motif qu'il aurait également exécuté de grands travaux d'art sur la rivière de Cure. Il importe de faire, tout d'abord, une observation qui tranche la difficulté en faveur de Rouvet; c'est que les *efforts* et les *sacrifices* qu'aurait fait Sallonnier, pour *perfectionner* et *compléter* l'œuvre de Rouvet, sont au moins d'*une année* postérieurs aux travaux si merveilleusement exécutés par ce dernier. Dans le cas particulier, et alors qu'il s'agit de défendre le *mérite de tant de difficultés vaincues*, contre les prétentions d'un *compétiteur*, l'an-

---

(1) Recueil général des anciennes lois françaises, par M Isambert, conseiller à la Cour de cassation.

tériorité est d'un prix immense, et l'on sait que l'impulsion et l'exemple avaient été préalablement donnés ; le successeur n'avait donc plus qu'à obéir au mouvement imprimé. L'entreprise que les *commissaires* du bureau de la ville avaient déclarée *inexécutable*, que Desfroissez n'avait qu'*ébauchée* ou *tentée* d'une manière si funeste à ses intérêts, Rouvet l'avait heureusement terminée, puisqu'en l'année 1549 on *naviguait*, on *flottait* librement sur la rivière de Cure. Or, il est constant que ce n'est qu'à la date du 16 février 1550 (1) que Sallonnier a obtenu du Roi Henri II des *lettres-patentes* qui l'ont autorisé à faire édifier et construire des *gores, perthuys, escluses* et *arrestz :* c'est-à-dire à faire exécuter des travaux d'art sur un plus grand nombre de ruisseaux que ceux sur lesquels Rouvet avait opéré des prises d'eau, de manière à gonfler davantage la rivière de Cure, dans le but unique de faciliter encore l'écoulement et le passage des *trains.*

-----

(1) Voir Archives du Royaume, section administrative, H. 1781, fol. 211.

M. Dupin aîné, auteur d'un utile et précieux ouvrage, véritable arsenal judiciaire, intitulé : *Code du commerce de bois et de charbon*, en rapportant, à la page 435, tome 2, édition de 1817, une sentence *du bureau de la ville*, du 8 février 1774, qui autorise les ouvriers occupés au flottage, à travailler les dimanches et fêtes, reproduit le préambule de ce document, conçu en ces termes :

« Vu la requéte présentée par les marchands de bois flotté pour la provision de Paris, contenant que c'est en surmontant les difficultés les plus considérables qu'ils sont parvenus à assurer l'approvisionnement en bois de cette ville ; qu'avant 1550, il ne s'amenait de bois qu'en bateaux, que, de cette manière, il ne pouvait guère en venir de plus loin que de 25 à 30 lieues au-dessus et au-dessous de Paris ; que Jean Rouvet est le premier qui ait trouvé le moyen d'amener des bois sans le secours de bateaux, par l'invention de radeaux, auxquels on a donné le nom de trains, dont l'invention ne remonte qu'en l'année 1549, etc., etc. »

Dans le Dictionnaire de l'*Encyclopédie*, qui parut en l'année 1751, on lit, entre autres choses, le passage suivant :

« La capitale était sur le point de devenir beaucoup moins habitée, par la chèreté du bois, lorsqu'un nommé Jean Rouvet imagina, en 1549, de rassembler les eaux de plusieurs ruisseaux et rivières non navigables, d'y jeter les bois coupés dans les forèts les plus éloignées, de les faire descendre ainsi jusqu'aux grandes rivières ; là, d'en former des trains, et de les amener à flot et sans bateaux jusqu'à Paris.

« Ceux qui voient arriver à Paris ces longues masses de bois, sont effrayés pour ceux qui les conduisent, à leur approche des ponts ; mais il n'y en a guère qui remontent jusqu'à l'étendue des vues et à l'intrépidité du premier inventeur qui osa rassembler des eaux à grands frais, et y jeter ensuite le reste de sa fortune. »

J'ose assurer que cette invention fut plus utile au royaume que plusieurs batailles gagnées, et mériterait des honneurs autant au moins qu'une belle action.

Mercier, dans son ouvrage si connu sous le nom de *Tableau de Paris,* s'exprime ainsi, à la page 87, vol. 4, édition de 1783 :

« Quand on voit arriver ces longues masses de bois appelées trains, qui ont jusqu'à deux cent cinquante pieds de longueur, que conduisent seulement quatre hommes, et qu'on admire avec effroi leur adresse et leur intrépidité à l'approche des ponts, dont ils enfilent les arches, on ne songe point assez à l'inventeur ingénieux du bois flotté, à ce Jean Rouvet, qui imagina, en 1549, le projet d'abandonner des bois coupés au courant des eaux. On le traita d'insensé avant le succès, puis on le tracassa lorsqu'il eut réussi. »

Après la nomenclature des documens divers qui viennent de passer sous les yeux du lecteur, il est temps d'examiner le point de savoir si alors que trois siècles se sont écoulés, et alors que la tombe a placé la personne de Rouvet à l'abri des atteintes de l'envie, sa mémoire devra conserver les honneurs qui lui ont été rendus, et ce à l'exclusion du nouvel émule qui lui est suscité, encore bien que son droit à l'*immortalité* soit sauvegardé par une prescription trois fois séculaire.

QUATRIÈME PARTIE.

Titres invoqués pour Charles Leconte à l'appui de sa prétention.

Ce ne sera point, assurément, la pesanteur de son bagage qui ralentira la course du héros de M. Frédéric Moreau vers les régions glorieuses qu'habitent les hommes qui se sont illustrés sur la terre ; car, pour faire consacrer par la postérité mieux *éclairée* la substitution de la personne de Leconte à celle de Rouvet dans les témoignages de la gratitude publique, un seul argument est invoqué, c'est celui qui résulterait d'une prétendue antériorité dans la *découverte;* de telle sorte qu'ainsi réduite à cette proportion, la grande difficulté qui s'agite, ne serait plus, en réalité, qu'une simple question de date, exactement comme en matière d'hypothèques, et tout ainsi que s'il ne s'agissait que d'intérêts d'un ordre exclusivement matériel.

Et d'abord, si l'on en croit son historien, Charles Leconte vivait au seizième siècle, était né à Paris, et se livrait à des opérations de bois à œuvrer, tirant annuellement des provinces de Bourgogne et de Champagne une grande quantité de bois de charpente et de menuiserie qu'il faisait flotter en *trains* (notons-le bien) sur les rivières de *Marne, Yonne* et *Seine* seulement. En preuve de ce fait grave et *décisif,* suivant lui, que Charles Leconte aurait connu et mis en usage, avant Rouvet, le mode du transport des bois par le moyen des radeaux, M. Moreau s'étant livré à de savantes fouilles dans les archives du royaume, en a triomphalement rapporté une pièce (relique à jamais précieuse!) dont la loyauté comme l'impartialité commandent de retracer ici la teneur textuelle, c'est un procès-verbal du bureau de la ville, du 21 avril 1547, lequel est ainsi conçu

« Aujourd'hui est venu au bureau de la ville maistre Charles Leconte, maistre des œuvres de charpenterie de l'hostel de ceste ville de Paris, lequel nous a dict et remontré avoir fait charroyer d'une vente de boys par luy prinse de madame la duchesse de Nevers, es boys des Garannes, près Chasteau-sans-Souef (1), pays de Nivernoys, grande quantité de boys de chauffage dont à présent il en a faict admener du port dudit Chasteau-sans-Souef, sur la petite rivière d'Yonne, la grande rivière d'Yonne et rivière de Seyne, à FLOTTE, LIEZ et GARROTEZ, la quantité de troys grans quarterons de mosle au compte du boys, et arrivez ce jour d'hier en ceste ville de Paris, au port des Célestins, pour l'expérimentation et première foys qu'il y ait admené bois de chauffage en flotte du pays d'Amont, et afin d'en faire admener cy-après en la dicte sorte à ses dangers, despens, périls et fortunes.

« Aussi sont venus audict bureau, Pierre Courot, Philebert Guenot, Jehan Bonnet, et Potencian Guenot, compagnons de rivière, demourant ausdict lieu de Chasteau-sans-Souef, lesquels ont dict et affirmé avoir admené à flotte, pour ledict Leconte, comme premier expérimenteur du dict flottage, nous a requis lectres, ces présentes à lui octroyées. »

---

(1) Aujourd'hui, Chatel-Censoy, village du département de l'Yonne, qui prend son nom d'un petit *château*, ou *chatel*, construit sur la montagne, et qui, parce qu'il manquait d'eau, faisait dire, il faut être, pour habiter le Châtel, *sans souef.*

Dès le moment de son heureuse trouvaille, M. Frédéric Moreau ne laissera plus ni paix, ni trève à l'usurpateur Rouvet : en effet, aussitôt il se met à l'œuvre, il fait spontanément gémir la presse, et tenant à la main son document *réparateur*, il s'exclame :

« Honneur à Charles Leconte, car c'est lui qui a fait arriver, le premier, à Paris, un train de bois à brûler du pays d'Amont, et qui a obtenu du Prévôt des marchands, en 1547, un titre qu'il n'est permis à personne de lui contester aujourd'hui, celui de

PREMIER EXPÉRIMENTEUR DU FLOTTAGE. »

Qui oserait affirmer qu'à ce langage si absolu, si tranchant, si exclusif, les mânes de Rouvet n'ont pas frémi d'indignation, ou tressailli de stupeur !

Toutes les fois, en général, qu'en matières abstraites on n'examine point l'état des choses sous leur véritable aspect, et d'une manière approfondie, l'on est comme involontairement induit à commettre des hérésies, qu'ultérieurement il devient nécessaire de rectifier, spécialement lorsqu'il s'agit de pénétrer le sens d'un *acte*, d'un *écrit*, dont les termes ont vieilli, par suite du laps du grand nombre d'années écoulées depuis sa rédaction, de telle

sorte que chaque mot, chaque locution soit,
pour ainsi dire, devenu une énigme ; dans
ce cas, on comprend facilement que la tra-
duction. de *l'acte* ou de *l'écrit* soit plus ou
moins fidèle, et conforme à la véritable pensée
de son auteur ; dès lors, on sera peu surpris
qu'en interprétant le procès-verbal du 21 avril
1547, le commentateur, entraîné d'ailleurs
par ses sympathies personnelles pour un collègue d'autrefois, ait commis au préjudice de
Rouvet une erreur parfaitement excusable.

« *Ignoscenda quidem scirent si ignoscere manes.* »

Mais par cela même que ce tort *historique*,
ou purement *spéculatif*, n'est point irrépa-
rable, et que la presse s'en est rendue com-
plice, on comprendra, dès lors, *l'opportunité*
et la *justice* d'un appel à l'opinion pour en
obtenir le redressement par la voie, précisément, qui a servi à sa perpétration.

CINQUIÈME PARTIE.

Discussion comparative.

Le lecteur a vû se dérouler successivement devant lui la série des titres et *nombreux* et *divers* de Rouvet à la conservation de la couronne civique qui lui fut décernée en 1828. Quant à *l'unique titre* de Leconte, il doit rester gravé dans la mémoire, d'autant plus profondément, que le texte original en a été reproduit fidèlement. Dès lors, une longue polémique serait complètement superflue, et l'on n'encourrait certes pas un reproche d'outrecuidance en osant affirmer que désormais l'opinion ne saurait *flotter* d'avantage, incertaine entre les deux antagonistes : le débat sera donc moins opiniâtre et moins vif que ne fut la lutte entre Démosthène et Eschine (1) pour la couronne d'or qu'ils se disputaient avec les armes de l'éloquence.

---

(1) Dans l'année où se donna la bataille de Chéronée (c'est-à-dire 338 avant Jésus-Christ), Ctésiphon, le même qui commença la construction du fameux temple d'Éphèse,

Oui, il est constant, il est de toute vérité que Leconte, en faisant débarquer à Paris, le 21 avril 1547, un *train* de bois à brûler, a devancé Rouvet de deux années, puisque c'est en 1549 seulement que celui-ci a fait l'heureuse et première *expérimentation* qui, depuis cette époque, jusqu'à l'an 1845, ne s'est jamais interrompue. Sous ce rapport donc, et dans l'ordre chronologique, Leconte l'emporterait et serait l'aîné de Rouvet dans la pratique du flottage. D'ailleurs, les graves personnages qui composaient le bureau de la ville, lui en ont fourni l'attestation en bonne et due forme sur la déclaration de quatre compagnons de rivière, lesquels *ont dict et affirmé avoir admené à flotter pour ledict Leconte, ledict boys à ses*

---

ayant proposé de récompenser d'une couronne d'or, la vertu, le courage et les services de Démosthène, le plus grand orateur de la Grèce, qui venait de relever à ses frais les murailles d'Athènes; Eschine, son rival en éloquence, s'inscrivit contre la proposition, et fit à ce sujet un admirable discours; mais, n'ayant pu réunir la cinquième partie des suffrages, Eschine fut exilé, suivant la loi. Tous les hommes lettrés ont appris par cœur, dans leur jeunesse, le *chef-d'œuvre* de Démosthène en réponse à Eschine, et ayant pour titre : *Oratio pro coroná.*

3

frais, dangers, périls et fortunes, dont ledict Leconte, comme premier expérimenteur dudict flottage, a requis lectres.

En lisant les paroles qui terminent l'antique procès-verbal, on serait vraiment tenté de l'assimiler à ces *certificats de complaisance* qui, de nos jours, ne s'obtiennent qu'à l'aide de l'obsession et de l'importunité. Ne semblerait-il pas, en effet, résulter du sens littéral des termes employés que *l'écrit* de 1547 n'a été rédigé qu'en vue de satisfaire un intérêt *purement privé,* exclusivement *d'amour-propre,* plutôt que comme devant être un jour, pour la postérité, un monument historique, destiné à constater qu'un grand *fait,* un *fait* d'intérêt général, s'est accompli au milieu de circonstances difficiles, lesquelles, grace au génie d'un homme et de son dévouement à la *chose publique,* ont été ou tournées, où vaincues?

Mais arrière ces *subtilités,* ces *arguties* et ces petits moyens de persuasion, la gloire incontestable de Rouvet les repousse avec dédain; sa grande ame s'offenserait qu'ils servissent à la défense de son droit.

Au fond et en réalité, que prouve donc à nos yeux ce procès-verbal invoqué par

M. Moreau avec tant de confiance, et qui doit, suivant lui, entraîner la radiation de Rouvet de la liste des hommes illustres de son temps? Il établit un fait bien simple, facile à saisir, à savoir, que Leconte a fait venir à Paris, le 21 avril 1547, un convoi de bois de chauffage provenant du Nivernais, en le livrant au *flot* abondant et commode de deux rivières *unies* et *confondues*, sur la rivière d'Yonne d'abord, puis ensuite sur la Seine. Est-il question de la rivière de Cure? Il n'en est pas dit un seul mot; et cependant on sait que *là*, et en ce point essentiel se trouvait, pour le *systême*, la grande difficulté à surmonter, là était le *nœud gordien; híc opus, híc labor erat*. Mais, au surplus, laissons parler les membres du bureau de la ville, ces infaillibles distributeurs de renommée.

Il (*Leconte*) a faict admener du port dudict Chasteau-sans-Souef, sur la petite rivière d'Yonne, tant par la dicte petite rivière d'Yonne, la grande rivière d'Yonne et rivière de Seyne, à flotte liez et garrotez, la quantité de troys grans quarterons de mosle, au compte du boys arrivez le jour d'hier en ceste ville de Paris.

En lisant ce texte, quelque peu barbare,

quant au style, on ne saurait, en vérité, s'empêcher de s'écrier :

Mais où est donc le grand mérite , en quoi donc a consisté l'incomparable talent de celui qui, en l'année 1547, s'est borné à livrer au fil d'une eau courante, un corps moins lourd que ce *fluide* (puisqu'il ne plonge pas au fond) sur une rivière et un fleuve constamment navigables , à raison de leur profondeur *native!* Quelle si grande merveille a donc été opérée? Alors surtout qu'il est avéré, reconnu , que l'usage de faire voyager le bois sur l'*élément liquide*, en le massant sous forme de *radeaux*, était pratiqué bien antérieurement à 1547, l'époque de l'invention et le nom du *premier* inventeur se perdant dans la nuit des temps!

Que si, effectivement , les rivières d'Yonne et de la Seine, qui seules sont dénommées dans le procès-verbal du 21 avril 1547, et avec lesquelles *seules* Leconte s'est mis en contact pour l'exécution de son projet, ont été dans tous les temps, *navigables* et *flottables* : que si, en ce qui les concerne particulièrement, jamais le secours des travaux de l'art n'a été d'une absolue et indispensable nécessité , avant de les soumettre à l'*expérimentation* du flottage ; dans ce cas, il est de la dernière évidence que pour celui qui, bien qu'en 1549 seulement, a fondé et régularisé le transport des bois en trains, à travers et malgré mille obstacles divers, pour celui-là, l'*immense*, l'*inappréciable* mérite a consisté dans les efforts inouis, dans les sacrifices de toute espèce, qu'il lui a fallu faire et subir, efforts de génie, efforts de persévérance, sacrifices d'argent, risques de crédit et de réputation, il a jeté tout ce qu'il possédait dans cet immense enjeu pour vaincre une nature rébelle, qui, dès le premier instant de la création du monde, ou par l'effet d'un cataclisme universel, avait imposé son irrésistible *veto* à l'audacieuse volonté de l'homme. Ainsi, par exemple (et il est opportun de le rappeler ici), la Cure est l'unique *intermédiaire* qui rattache actuellement Paris avec les monticules boisés du Morvan, en suivant, soit en *aval*, soit en amont, le canal *naturel* que forment la rivière d'Yonne et la Seine. Le *fond* tout entier de la Cure est hérissé et pour ainsi dire, *pavé* de rochers faisant saillie à *fleur d'eau*, qui en rendent le parcours, non pas seulement dangereux, mais *complètement*,

3.

absolument, *physiquement* impossible. Alo
un homme s'est présenté qui a tenté d'apl
nir la route : son caractère est mobile et promp
à se décourager, bientôt il épuise toutes se
ressources et succombe à la tâche. Un autr
lui succède, celui-ci a une volonté de fer, s
fortune est une des plus considérables d
l'époque, deux ans à peine s'écoulent qu
déjà ses nobles efforts sont couronnés d'u
succès qui fait le sujet de l'admiration unive
selle, et bientôt les générations futures, tou
ainsi que les contemporaines, vont en recueilli
les fruits salutaires. A ce tableau, à ce récit, qu
ne reconnaîtrait et ne prononcerait à l'instan
le nom de Jean Rouvet ? Qui oserait désormai
nier que l'auteur de ces choses ait bien mérit
du pays, et que lui seul avait droit à la palm
que la reconnaissance publique, bien que tar
dive de trois siècles, lui a décernée avec un
justice aussi équitable qu'elle fut éclairée ?

Que si nous quittons actuellement les fo
rêts du Morvan, pour faire une rapide excur
sion dans les domaines de la *science*, nou
trouverons dans les lois de l'analogie, des élé
mens nouveaux de conviction en faveur de
Rouvet.

Il est une *découverte* qui met, en ce moment, toutes les parties de la France en rumeur (1) et qui, assurément, a pour destinée de produire un retentissement bien autre et des résultats bien plus immenses que la modeste, mais très-utile invention de Rouvet.

L'application de la vapeur à la *mécanique* a provoqué entre les savans de deux nations éternellement et *cordialement* rivales en toutes choses (la France et l'Angleterre), a suscité précisément le même antagonisme historique que celui qui divise, en ce moment, le panégiriste de Leconte, *charpentier*, et le biographe de Rouvet, *marchand de bois.*

Il est remarquable de même que, à l'égard de l'invention du flottage des bois par *radeaux*, il est également impossible de déterminer l'époque et d'indiquer avec certitude le nom de celui qui, le premier, découvrit et fit ap-

---

(1) A l'occasion des projets de lois soumis à la Chambre des Pairs et à celle des Députés pour l'exécution des grandes lignes de chemin de fer, chaque localité sollicitant un *em-branchement*, ou le passage d'un *tronçon*, tout ainsi que les enfans d'Israël imploraient du ciel la manne dans le désert.

plication de la force *motrice* que fournit la vapeur de l'eau, par suite de l'ébullition.

Tout le monde sait maintenant, en France, depuis l'établissement de quelques chemins de fer, que l'eau échauffée jusqu'à bouillir, exhale une vapeur élastique capable de soulever le poids de l'atmosphère qui la presse. C'est en cela que consiste le phénomène de l'ébullition.

Les physiciens modernes supposent, peut-être avec juste raison, que le premier qui devina cette puissance jusque-là mystérieuse et inconnue, fut Héron (dit l'Ancien), célèbre mécanicien, élève de Ctésibius, et qui naquit à Alexandrie, dans la 164ᵉ olympiade, environ 120 ans avant l'ère chrétienne. Les traditions de l'antiquité nous apprennent, en effet, que cet homme faisait l'admiration de ses contemporains par ses *clepsydres à eau*, ses *automates*, et ses machines à vent. De là les inductions tirées en sa faveur par les docteurs de la science ; de telle sorte que par une assimilation parfaitement identique, ce que fut le roi Erythyas par rapport à l'invention des *trains*, Héron l'aurait été en ce qui concerne la vapeur.

Les annales technologiques de la Grande-

Bretagne ne s'accordent pas uniformément entre elles sur l'attribution du mérite de l'invention de la vapeur; les *uns* prétendent que le premier qui en fit la découverte fut le marquis de Worcester, et s'appuient à ce sujet sur un ouvrage publié par lui, en 1663, sous ce titre bizarre : *A century of inventions*. Le marquis, dans son livre, s'écriait comme le charlatan sur ses trétaux :

Cette admirable méthode que je propose pour élever l'eau par la force du feu, est sans bornes, si les récipiens sont assez forts; car j'ai pris un canon, dont j'ai bouché hermétiquement l'orifice, ainsi que la lumière; puis l'ayant rempli aux trois quarts d'eau, je l'ai exposé au feu pendant vingt-quatre heures, après quoi il a éclaté avec une violente explosion. Ayant ensuite découvert le moyen de fortifier les vaisseaux intérieurement et en les combinant de manière qu'ils agissent successivement, j'ai obtenu un jet d'eau continuel, de plus de 40 pieds de hauteur. La personne qui conduisait l'opération n'avait rien autre chose à faire qu'à tourner deux robinets, de manière que lorsque l'eau d'un des vaisseaux était épuisée indéfiniment, celle de l'autre commençait à chasser, puis à remplir le premier d'eau froide, et ainsi de suite.

D'*autres* soutiennent qu'un simple serrurier du nom de Newcomen peut et doit seul revendiquer la gloire de cette merveilleuse découverte. Le plus grand nombre démontre que Savary et Wat, par les perfectionnemens qu'ils ont introduits dans les appareils, pour utiliser la vapeur, ont seuls droit, en Angleterre, aux honneurs de l'invention. Mais il est un point sur lequel les annales britanniques sont *unanimement* d'accord, c'est que ce n'est point à un *Français*, mais bien à un *Anglais* seul que revient la gloire de l'application de la vapeur à la mécanique.

Toutefois, l'opinion générale de l'Europe *éclairée* ne s'est pas aveuglément soumise à la partialité de ce jugement ; les hommes instruits en ont appelé à l'impartiale histoire : et tous, en remontant à l'origine des choses, ont voulu reconnaître, apprécier la vérité des faits : tous (et spécialement Arago, le savant, dans toutes ses œuvres) n'ont pas hésité de placer Papin, l'un des illustres enfans de la France, à la tête des inventeurs de la *machine à vapeur*. C'est bien, en effet, Papin, l'immortel physicien, né à Blois vers le milieu du dix-septième siècle, qui, en 1695, à force de *travaux*, d'*essais* et d'*expériences*, a le *premier* conçu la possibilité de l'application de la vapeur à la navigation, car c'est bien lui, et non pas un ingénieur anglais, qui a construit la première machine à vapeur avec *piston* qui ait existé.

Le point capital de l'invention n'a pas consisté seulement à découvrir le principe *moteur*, l'*origine* et la *cause génératrice* de la force de *traction* ou de *propulsion :* dès avant le dix-septième siècle, sa puissance *expansive* avait été constatée, puisque cent vingt ans avant Jésus-Christ, le mécanicien Héron l'avait devinée, l'avait même employée, de même qu'Érythias s'était servi des *trains* ou radeaux pour naviguer; mais le grand mérite, et ce qui fera la gloire éternelle de son auteur, a consisté dans le secret de *dompter*, de *maîtriser*, de *régulariser* et *d'appliquer*, au moyen de *machines* savamment agencées, la force *brutale*, *impétueuse* de la vapeur, et de la plier, pour ainsi dire, à un usage d'utilité générale, comme un habile écuyer s'attache à soumettre un cheval fougueux, indomptable. C'est à la navigation, d'abord, que le génie de Papin en fit l'heureuse application : du voyage sur l'eau, au voyage sur terre, ou au chemin de fer, la distance, désormais, n'est plus que d'un pas. Donc c'est à Papin seul qu'appartiennent tout le mérite et la gloire de la LOCOMOTION par la puissance de la vapeur : avec d'autant plus de justice et de raison, qu'avant le mécanicien français tous les machinistes anglais, depuis le marquis de Worcester jusques y compris le serrurier Neuwcomen, n'avaient pu faire usage de la vapeur que par sa seule force d'expansion, et d'une manière, en quelque sorte *rectiligne*, exactement par assimilation, comme de la puissance *électrique* de la poudre à canon, et encore pour l'usage exclusif de l'épuisement des eaux dans les mines. Tandis que notre compatriote Papin, grace à son invention du *piston*, a su maîtriser la *vapeur* comme un coursier plein de vigueur et de jeunesse dressé par lui dans un manége. Par une parfaite analogie entre Papin et Rouvet, tous deux, et chacun dans sa sphère et sa spécialité, ont rencontré les mêmes obstacles, quoique de nature différente, et dont ils ont l'un et l'autre heureusement triomphé ; l'un, nonobstant les lumières apportées par ses devanciers, et à raison de l'état peu avancé de la science, eut tout à faire pour modérer et diriger la *vapeur*, à l'aide de savantes combinaisons ; l'autre fut dans l'impérieuse nécessité de tracer entièrement de sa main, à une rivière, un nouveau cours parfaitement uni, de *raboteux* et *impraticable* qu'il était auparavant ; de telle façon, qu'aussitôt cette victoire remportée, on vit la Seine qui baigne les murs de Paris, remonter jusqu'à la contrée qui alimente de combustible plus d'un million d'habitans. Ces deux hommes ont donc de semblables droits aux bénédictions du pays, et que si l'on s'écrie : GLOIRE à Papin, on doit en même temps ajouter, HONNEUR à Rouvet.

SIXIÈME ET DERNIÈRE PARTIE.

Conclusion.

De tout ce qui précède, et spécialement du parallèle entre Charles Leconte et Jean Rouvet, résulte évidemment la solution affirmative de la question posée en tête de l'esquisse historique qu'on vient de lire ; en d'autres termes, la démonstration la plus irréfragable que Rouvet fut, en 1549, le véritable inventeur du flottage des bois en trains sur la Seine et ses affluens.

Qu'en conséquence, c'est à juste titre que, depuis longues années, la communauté des marchands de Paris a fait graver sur ses *jetons* en argent, l'effigie de Rouvet, *comme fondateur du flottage*.

Que c'est également avec raison, et par l'effet d'une justice marquée au coin du *tact* et du *discernement* le plus esquis, que l'honorable M. Dupin aîné lui a fait élever, en 1828, une statue en bronze sur le pont de la ville de Clamecy, voulant, par ce témoignage public, de glorieux souvenir, encourager le travail, en même temps qu'il honorait l'industrie.

FIN.

Observation.

La Notice sur Rouvet a été *extraite* ou *détachée* d'un Ouvrage qui se trouve actuellement sous presse, et que publie M. Chauvelot sur la Législation spéciale du commerce de bois et de charbon.

A. Guyot, Imprimeur du Roi, rue Neuve-des-Petits-Champs.